LOHAS HOME DECORATION HANDBOOK

乐活家居装饰手册

餐厅·厨房·卫生间

博凯文化　编著

天津科技翻译出版公司

图书在版编目(CIP)数据

乐活家居装饰手册.餐厅·厨房·卫生间/博凯文化编著.
天津:天津科技翻译出版公司,2012.7
ISBN 978-7-5433-3040-5

Ⅰ.①乐… Ⅱ.①博… Ⅲ.①住宅—室内装饰设计—手册
Ⅳ.①TU241-62

中国版本图书馆 CIP 数据核字(2012)139814 号

出　　版:天津科技翻译出版公司
出 版 人:刘 庆
地　　址:天津市南开区白堤路 244 号
邮政编码:300192
电　　话:022-87894896
传　　真:022-87895650
网　　址:www.tsttpc.com
印　　刷:唐山天意印刷有限责任公司
发　　行:全国新华书店
版本记录:787×1092　16 开本　6 印张　100 千字
2012 年 7 月第 1 版　2012 年 7 月第 1 次印刷
定价:28.00 元

前言

随着哥本哈根会议的持续效应和绿色环保的深入人心，低碳乐活生活已经成为一种新的时尚生活方式。乐活是时下非常流行的词语，由音译LOHAS而来,LOHAS是英语Lifestyles of Health and Sustainability的缩写，意为以健康及自给自足的形态生活,强调健康、可持续的生活方式。乐活家居,是一种时尚的家居生活方式,主要表现在优先选择节能减排的环保建筑或绿色建筑,采用简洁、环保与安全的设计方案和装材料修,优先选择天然有机面料的家纺用品。

《乐活家居装饰手册》精选当前流行的乐活装修风格和生活方式,按空间功能分成客厅·玄关·楼梯、餐厅·厨房·卫生间，全部采用专业设计师设计的乐活家居精美实景图片，搭配装修妙招、细节小贴士等内容,既给有家居装饰需求的读者带来指导和帮助,同时也能为设计师和消费者提供一个认知与交流的平台。

目录

乐活餐厅设计

乐活餐厅布局

01 乐活餐厅 巧妙布置 Ingenious Arrangement

04 乐活餐厅 风格多样 Variety Styles

10 乐活餐厅 空间无限 Unlimited Space

14 乐活餐厅 装点层次 Ornament Gradation

乐活材料选择

20 乐活餐厅 主材选择 Main Material Selection

24 乐活餐厅 造型轻巧 Dexterous Modeling

28 乐活餐厅 活力呈现 Showing Vitality

乐活灯光设计

32 乐活灯光 灯具选配 Lamp Selection

38 乐活灯光 营造气氛 Create Atmosphere

乐活厨房设计

乐活厨房布局

42 乐活厨房 功能完备 Full Function

46 乐活厨房 空间有序 Ordered Space

50 乐活厨房 打造开放 Create Open

乐活厨房生活

56 乐活厨房 细节升华 Details Sublimation

60 乐活厨房 精彩艺术 Wonderful Art

64 乐活厨房 时尚餐具 Fashion Tableware

乐活卫浴设计

乐活卫浴风格

68 乐活卫浴 时尚简约 Fashion Simple

74 乐活卫浴 奢华欧式 European Luxury

80 乐活卫浴 自然乡村 Natural Village

乐活卫浴布局

86 乐活卫浴 干湿分区 Wet and Dry Zoning

90 乐活卫浴 整体设计 Overall Design

乐活餐厅设计——乐活餐厅布局

乐活餐厅 巧妙布置

Ingenious Arrangement

餐厅功能的延伸

餐厅在家居中一般是家庭成员用餐的空间。近年来随着高效厨房电器的普及和使用，餐厅更多被设计成开放式，使餐厅直接与客厅和厨房相连，除了满足固有功能的使用外，还承担了作为客厅和厨房延伸的作用。

窗帘选择，巧妙布置

窗帘的面料可根据地域的不同进行选择。北方适合厚实保温的面料，南方适合轻薄透气的面料。窗帘的颜色若是选择和餐厅色调形成对比的，就容易放大空间面积。而若选择统一色调，如窗帘和餐桌布的颜色一样，就能立即围合出一个就餐区域，将原来连在一起的餐厅和客厅自然划分开来。

合理利用空间，打造乐活餐厅

单独用一个空间做餐厅是最理想的，不但宴请朋友时比较方便，在布置上也能更加灵活。对于住房面积不大的居室，也可以将餐厅设在厨房、过厅或者客厅内。为了节省空间可考虑在厨房或过厅做折叠式餐桌，使空间显得更加宽敞，从而合理利用空间。

乐活餐厅设计——乐活餐厅布局

乐活餐厅 风格多样

Variety Styles

风格多样的餐厅设计

餐厅在居室设计中虽然不是重点，但却是不可缺少的。餐厅的设计具有很大的灵活性，可以根据不同家庭的喜好以及特定的居住环境设计成不同的风格，营造出各种情调和气氛，如欧陆风情、乡村风味、传统风格、简洁风格、现代风格等。餐厅在陈设和设备上具有共性，它要求简单、便捷、卫生、舒适。

打造田园风格的餐厅

想让餐厅拥有一派轻松自然的气氛，可以将餐厅打造成田园风格。选用一些铁质、藤艺的家具，简单的造型和圆滑的曲线可以营造出质朴的田园气息，并且还可以用生动可爱的小摆件应和餐厅的整体风格。

贵气十足的洛可可式餐厅

洛可可风格的餐厅以崇尚自然为主题，一般应用明快的色彩和纤巧的装饰来模仿自然状态。本案中的餐厅设计以华丽的金色花纹壁纸，造型独特、颜色艳丽的落地灯，红黑相间的纯毛地毯装饰空间，再搭配考究的餐厅桌椅，把奢华贯穿在设计之中，形成绚烂夺目的视觉效果，令人在用餐的同时享受视觉的盛宴。

乐活餐厅设计——乐活餐厅布局
乐活餐厅 空间无限
Unlimited Space

玻璃背景墙扩大餐厅空间

餐厅采用玻璃背景墙可以提供良好的采光效果，并有扩大空间的视觉作用。餐厅玻璃背景墙采用与客厅背景墙一样的菱形图案，既和谐统一又实现了空间的独立性与延伸性，可谓一举多得。

开放式餐厅，增强空间感

现在许多小户型的住家都会做成开放式餐厅，可以增强空间感。开放式餐厅把空间无限拉伸，将餐厅、厨房结合到一起，形成一个整体，可以让人们更快速地处理生活中的琐碎事务，让生活变得更有效率。

乐活餐厅设计——乐活餐厅布局

乐活餐厅 装点层次

Ornament Gradation

鲜花造型装点乐活餐厅

餐桌上优雅的花瓶搭配美丽的鲜花，点缀着整个餐厅，让家充满了活力，芬芳的花香散落在室内每个角落，让全家人心旷神怡。不同品种、颜色的鲜花和不同款式、造型的花瓶搭配，能创造出不同的视觉效果，当然与之搭配的花瓶造型也非常关键。鲜花可以帮助我们保持家的新鲜感，实现乐活餐厅。

绿色植物为餐厅带来盎然生机

绿色象征着生机与活力，无论是大叶的绿色盆栽还是装点餐桌的绿色植物，都给空间带来了活力与生机。在这充满浓浓绿意的餐厅中用餐，可以使人忘却都市的喧哗吵闹，进入一种闲适的意境。

玲珑剔透的器皿

当设计师将餐厅合理布局，搭配好餐桌椅，并点亮餐厅照明，玲珑剔透的用餐器皿就成了餐厅设计的点睛之物。陶瓷、玻璃的化学性质稳定、色彩绚丽、造型多变，是古往今来重要的餐桌器皿，再搭配木制、竹制、不锈钢的餐具，一场饕餮盛宴就要开始了。

乐活餐厅设计——乐活材料选择

乐活餐厅 主材选择

Main Material Selection

乐活多变的餐厅墙面

现代家居中,开放式餐厅越来越主流,因此餐厅也不只是一个围合空间,一面、两面、三面、四面墙面都成为餐厅墙面的组合方式。一般的家居空间中餐厅的面积并不大,常常在 5~15 平米这样的区间范围内，因此常常使用折光率比较好的墙面材料,例如玻璃、镜子等,从而增加更为广泛的空间视觉效果。

石膏板吊顶美观大方

餐厅吊顶在整个餐厅装饰中占有相当重要的地位，对餐厅顶面做适当的装饰，不仅能美化餐厅环境，还能营造出丰富多彩的室内空间艺术形象。石膏板具有价格便宜、施工简单、美观大方等特点，在天花顶四周运用石膏做造型，可做成各种各样的几何图案，或者雕刻出各式花鸟虫鱼的图案，只要其装饰效果和房间的装饰风格相协调，便可达到不错的整体效果。

餐桌的材质选择

餐厅中餐桌材质的选择需根据业主的喜好及整个家装的风格来选择。木质的餐桌结实耐用，款式和颜色选择的范围较多。玻璃的餐桌现代时尚，但在冬天会感觉寒冷。烤漆的餐桌搭配性强，但桌面比较容易被磨损，使用时要特别小心。大理石的餐桌庄重大气，但移动较不方便。如果餐厅与客厅相连，在同一个空间内，餐桌的材质和颜色最好与客厅家具统一，这样就会形成和谐的整体空间。

乐活餐厅设计——乐活材料选择

乐活餐厅 造型轻巧

Dexterous Modeling

轻巧造型的就餐环境

餐厅设计中，需要通过一些造型来增加餐厅的装饰性，来构造完美的就餐环境。设计师在餐厅的造型中，往往会选择比较轻巧的造型方式，避免用比较浓重的色调和材料，光线上也是将餐桌作为整个餐厅的中心的焦点，从而营造和谐的氛围增加食欲。

打造精致轻巧的餐厅

整个餐厅气氛的营造少不了造型顶以及灯饰的帮助。对于面积不大的餐厅，造型顶的设计及灯饰的选择应该更加精致、轻巧一些。

乐活餐厅设计——乐活材料选择

乐活餐厅 活力呈现

Showing Vitality

生机勃勃的餐厅

明亮的柳绿色充满生气，铺砌在整面墙上，令空间显得有机而自然。白色是调和这种色彩最佳的选择，更加突显柳绿色的生机勃勃。

乐活餐厅设计——乐活灯光设计

乐活灯光 灯具选配

Lamp Selection

灯具选配的重要性

餐厅灯具在满足基本照明的同时，更注重的是营造一种进餐的情调，烘托温馨、浪漫的居家氛围。因此，餐厅灯具应尽量选择暖色调、可以调节亮度的灯源。吊灯、壁灯、吸顶灯、筒灯，这些都可以作为餐厅灯具的选择。

辅助灯具的选配

面积大的餐厅一般选择吊灯作为主光源，但又不能只设计一个主光源。想让就餐环境更加舒适，还需要能够提高空间亮度的辅助光源。辅助光源的种类有很多，可以采用灯带、壁灯或者落地灯作为辅助灯具。

餐厅中灯饰

在餐厅设计中，设计师往往利用点与线的方式进行照明，而摒弃大面的照明。这是因为，集中的光源往往更能突出用餐空间，营造一个良好的用餐环境。狭小的餐厅空间可以借助壁灯与筒灯光线的巧妙搭配来凸显用餐环境；宽敞的餐厅宜选择吊灯做主光源，再配上壁灯做辅助光达到最理想的布光方式，如将低悬的吊灯与天花板上的镶嵌灯结合，在满足空间基础照明的前提下，还可以对餐桌进行局部照明。

乐活餐厅设计——乐活灯光设计

乐活灯光 营造气氛

Create Atmosphere

辅助光源烘托就餐环境

餐厅的灯光当然不止一个局部，还要有相关的辅助灯光，起到烘托就餐环境的作用。辅助灯光的使用有许多方法，如在餐厅家具（玻璃柜等）内，艺术品、装饰品的局部设置照明等。辅助灯光的使用主要不是为了照明，而是为了以光影效果烘托环境，因此，照度比餐台上的灯光要低，在突出主要光源的前提下，光影的安排要做到有次序，不紊乱。

主光源营造不同气氛的餐厅

餐厅想要营造出不同的气氛，最好选择能够调节亮度的吊灯，根据不同的需要选择灯光的明暗度。低色温的白炽灯比较适合用于餐厅，这类光源接近自然光，最适合作为主光源使用，如果想进一步烘托氛围，不妨尝试一下暖色调的灯源，例如橙色等明亮颜色。

乐活餐厅设计——乐活厨房布局

乐活厨房 功能完备

Full Function

厨房要注重功能性

拥有一个装修合理、功能完备的厨房会让我们的生活更加轻松愉快。厨房装修首先要注重功能性，打造温馨舒适的厨房，一要视觉干净清爽；二要有舒适方便的操作中心。橱柜的设计要考虑到科学性和舒适性。灶台的高度、灶台和水池的距离、冰箱和灶台的距离等这些都需要精心设计。

转角厨房的设计技巧

转角厨房，这种类型的厨房基本保持一个以上的转角操作区。L 型厨房有一个转角区,可将清洗、配膳与烹饪三大工作中心依次配置于相互连接的 L 型墙壁空间;U 型厨房的工作区内共有两处转角,这种类型的厨房，水槽最好放在 U 型底部，并将配膳区和烹饪区分设在两边，使水槽、冰箱和炊具连成一个正三角形。

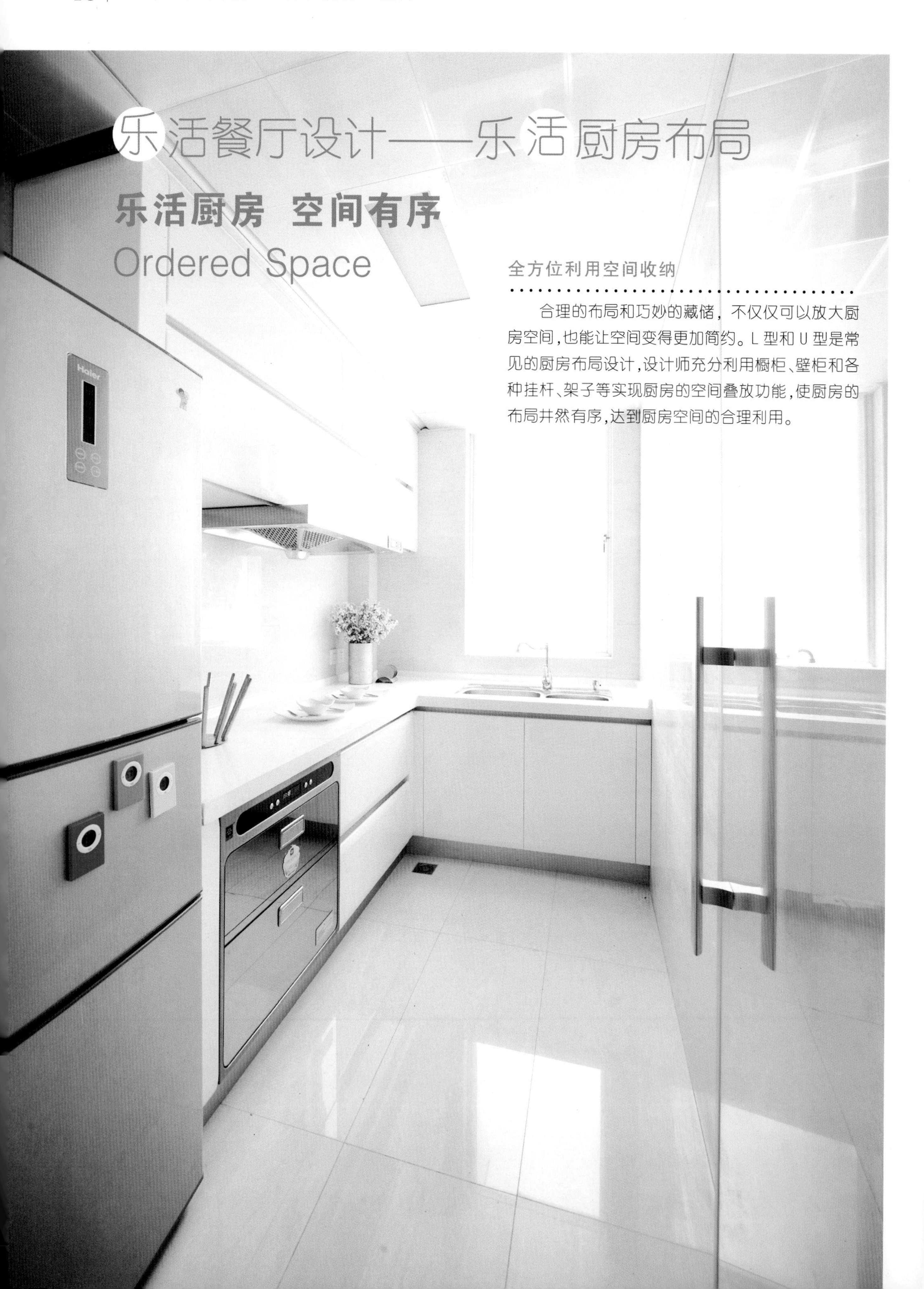

乐活餐厅设计——乐活厨房布局

乐活厨房 空间有序

Ordered Space

全方位利用空间收纳

合理的布局和巧妙的藏储，不仅仅可以放大厨房空间，也能让空间变得更加简约。L 型和 U 型是常见的厨房布局设计，设计师充分利用橱柜、壁柜和各种挂杆、架子等实现厨房的空间叠放功能，使厨房的布局井然有序，达到厨房空间的合理利用。

合理划分空间为厨房增容

要做到给厨房增容，首先要合理划分空间，做好收纳工作。厨房杂物较多，收纳时要注意用遮盖、密封的收纳用具，最好不要用开放式的搁架，否则烹饪用的瓶瓶罐罐全都摆出来，难免有凌乱感；其次装修时可以考虑采用嵌入式的设计，将消毒柜等电器嵌入橱柜内部，以营造整齐的厨房空间。

乐活餐厅设计——乐活厨房布局

乐活厨房 打造开放

Create Open

开放式厨房现代时尚

开放式厨房如今越来越受到大众的青睐，把封闭的厨房与家庭居室空间有机组合起来，能使家庭空间更显宽敞，更具现代时尚。

厨房内要留出足够回转空间

餐桌椅在开放式厨房内的摆放，必须注意要留出烹饪操作空间。当餐椅拉出餐桌时，其椅背距橱柜要在 1 米以上，而一般的餐桌椅(以一桌四椅为例)至少要占 2 米的宽度，再加上橱柜的进深，就要求开放式厨房的长或宽至少一边要在 3.6 米以上。

开放式厨房功能齐全

开放式厨房的消费对象多数是 80 后的都市新贵。年轻人喜欢追求自由与个性，开放式厨房概念的引入，在设计上不但扩大了厨房的空间，而且在厨房备餐、用餐的同时，还可以在这里与朋友们聊天、玩耍、聚会，最适合 80 后的居家生活。如何将原来的封闭式厨房设计成开放式的大厨房，把烹饪、用餐、休闲、娱乐融为一体，这也许是设计师们追求的新潮流。

乐活厨房设计——乐活厨房生活

乐活厨房 细节升华

Details Sublimation

多光源设计

仅在顶面设置一个灯源往往不能为厨房操作提供充足的光源，因此需要在局部操作区安装嵌入式灯具，以满足使用者的操作要求。多样化的光源不仅为操作提供了便利，其明暗搭配、光影组合也可营造出更加舒适、优美的厨房生活空间。

乐活厨房设计——乐活厨房生活
乐活厨房 精彩艺术
Wonderful Art

局部进行亮点设计

设计唯美的高科技的水龙头，在高品质厨房中往往是不可多得的亮点，给设计师提供了较大的施展才华空间。其线条、颜色、形状等设计元素都能更好地运用于厨房设计中，同时优质的水龙头又是科技的化身，对工艺的要求极高，也恰好满足了时尚人士对生活品质的追求。

不断变化的图形

设计师经常利用几何图形的变化来进行厨房设计
材料的不同尺寸、纹路、花色进行组合和搭配，常用的厨房
有：瓷砖、石材、铝塑板等。简单的变化中可以看到设计的力量，
纹路和花色的变化让厨房空间更富变化的生动。

乐活厨房设计——乐活厨房生活

乐活厨房 时尚餐具

Fashion Tableware

精致餐具打造时尚元素

酒红色的橱柜搭配白色的台面，在白色灯光下整个厨房显得时尚靓丽，再配以精致的餐具，把现代化厨房的时尚元素表现得淋漓尽致。

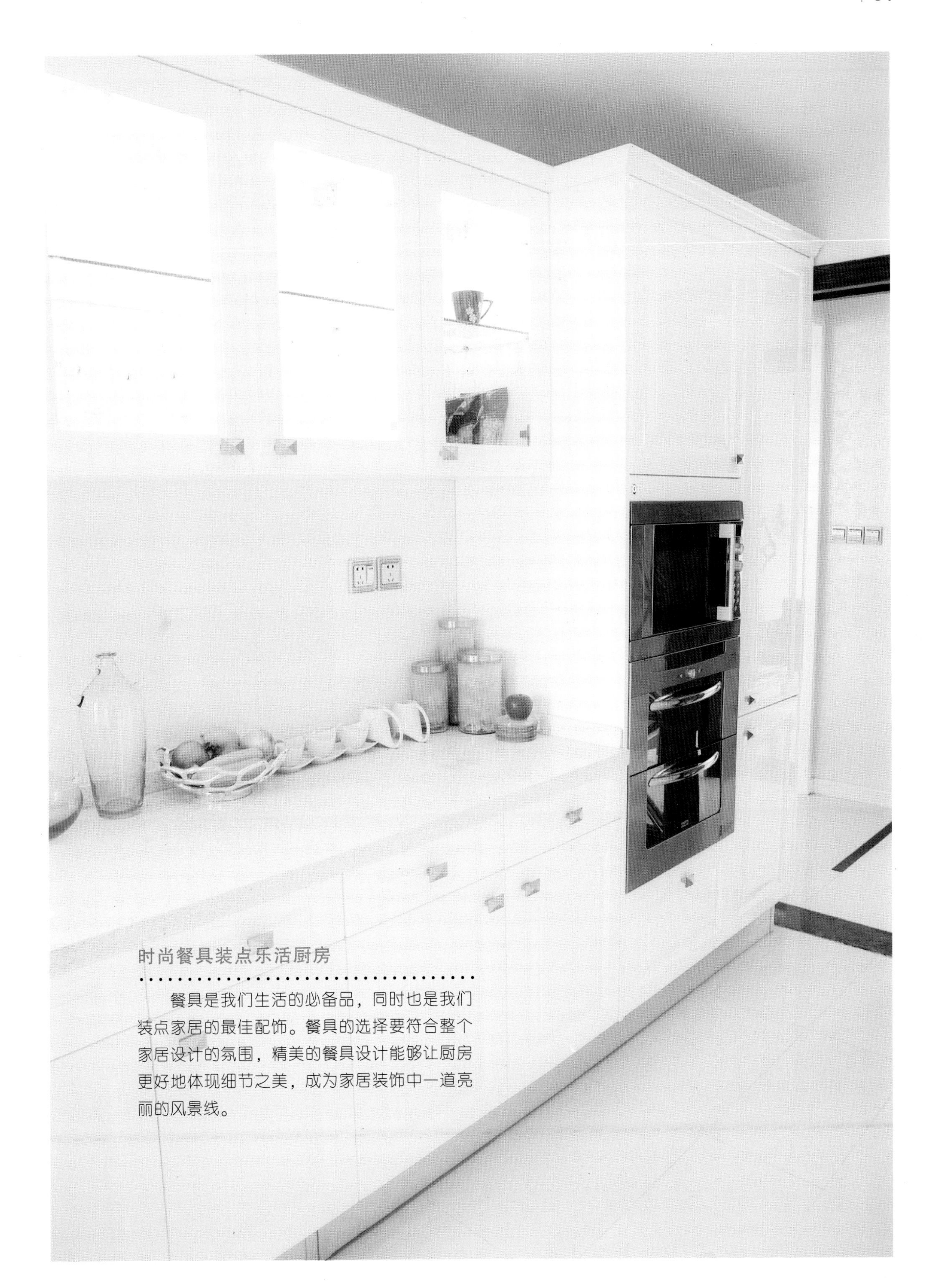

时尚餐具装点乐活厨房

餐具是我们生活的必备品，同时也是我们装点家居的最佳配饰。餐具的选择要符合整个家居设计的氛围，精美的餐具设计能够让厨房更好地体现细节之美，成为家居装饰中一道亮丽的风景线。

乐活卫浴设计——乐活卫浴风格

乐活卫浴 时尚简约

Fashion Simple

极具时尚的马赛克卫浴间

马赛克一直给人以时尚多变的感觉，而卫生间是马赛克最经常使用的地方，洗脸区、淋浴区、浴缸区都可以用马赛克装饰。马赛克卫浴空间具有现代感，沉静、平和的配色加上洁白的卫浴设备，让人感觉干净整洁。

简约时尚缔造白领生活

简约明了的几何线条完美诠释了当代白领的风格品位：简约而不简单。现代风格卫生间提倡实用和时尚并举，以简约和实用打造出一个更加优质的使用空间。

OXY
Watch

简约风格的浴室装饰

简约风格的浴室在设计中摒弃了繁琐多余的装饰，而更加追求自然舒适的设计。在材料的选取上，设计师也多会采用风格简约的瓷器洁具，例如，正方、正圆或各种几何形的陶瓷面盆，节约空间的挂墙盆还有设计新颖的台面盆等。这些洁具的展示性往往超越了实用性，造型时尚抢眼，简单明了。还可以选用造型流畅的不锈钢水龙头、素色整洁的百叶窗、造型简约的收纳柜等装饰浴室，突出卫浴空间的简约时尚。

乐活卫浴设计——乐活卫浴风格

乐活卫浴 奢华欧式

European Luxury

经典演绎奢华欧式卫生间

奢华欧式卫生间，从洗漱台到浴缸全部采用象牙白色，家具设计均为欧式风格，典雅华贵。吊顶也经过了设计师的精心设计，配以欧式的吊灯，将卫生间的奢华风格悉数展现出来。

皇室贵族的奢华

繁复细腻的手法与几何元素的勾勒将现代的简约时尚表现得淋漓尽致。当今人们越来越追求纯粹的欧化品位和个性享受，让家居主人在享受卫浴乐趣的同时更充分品位欧式文化所赋予的尊贵和个性。

欧式浴室的极致奢华

欧式风格的浴室强调极致的奢华与典雅的艺术氛围，洁具、灯饰、摆设都带有浓烈的欧洲风格特点。家具上繁复的线条、复古图腾的运用都有助于营造古典的奢华。在细节上大量运用暖色系的瓷砖和墙面，再配以温暖的灯光映衬了整个卫浴精致而高雅的氛围。

乐活卫浴设计——乐活卫浴风格

乐活卫浴 自然乡村

Natural Village

卫浴休闲区

作为家里不可或缺的功能空间，卫浴承担了洗浴之外的更多放松和休闲的任务。一个野趣盎然的藤筐，一盆生机勃勃的绿植，即可装点设计成浴室休闲区，乡村风格的家居设计使置身于其中的人显得轻松、闲适。

乡村风格卫浴享受纯净

乡村风格的卫浴间主要通过大量天然材料和绿色植物的运用，再搭配曼妙温馨的乡村田园色彩而达成。当你置身其中，整个卫浴空间无一处不散发着强烈的乡村风情。

如何演绎乡村风格卫浴

营造乡村风格，总是少不了充足的阳光与绿色植物的点缀。除了光和植物，石材和原木的运用也是田园乡村风格在卫浴空间最为经典的表现。种类繁多的石材和仿古瓷砖以其历经岁月沧桑的表情，塑造了一种原始的质感，而这些材料与一些雕花的装饰元素结合在一起，便拥有了极强乡村风格的装饰特色，是演绎乡村风格不可或缺的材料。

乐活卫浴设计——乐活卫浴布局

乐活卫浴 干湿分区

Wet and Dry Zoning

干湿分区，舒适一居

卫生间是人们洗漱、沐浴、如厕的地方，几乎每一项活动都离不开水，所以卫生间都难免潮湿。如果卫生间总是湿漉漉、潮乎乎的，这样的环境很可能会影响人们的情绪。如果对卫生间的干湿区域做适当分割，有效阻挡水花和水蒸气的扩散，那么就可以让卫生间多一分干爽，让自己和家人多一份好心情。

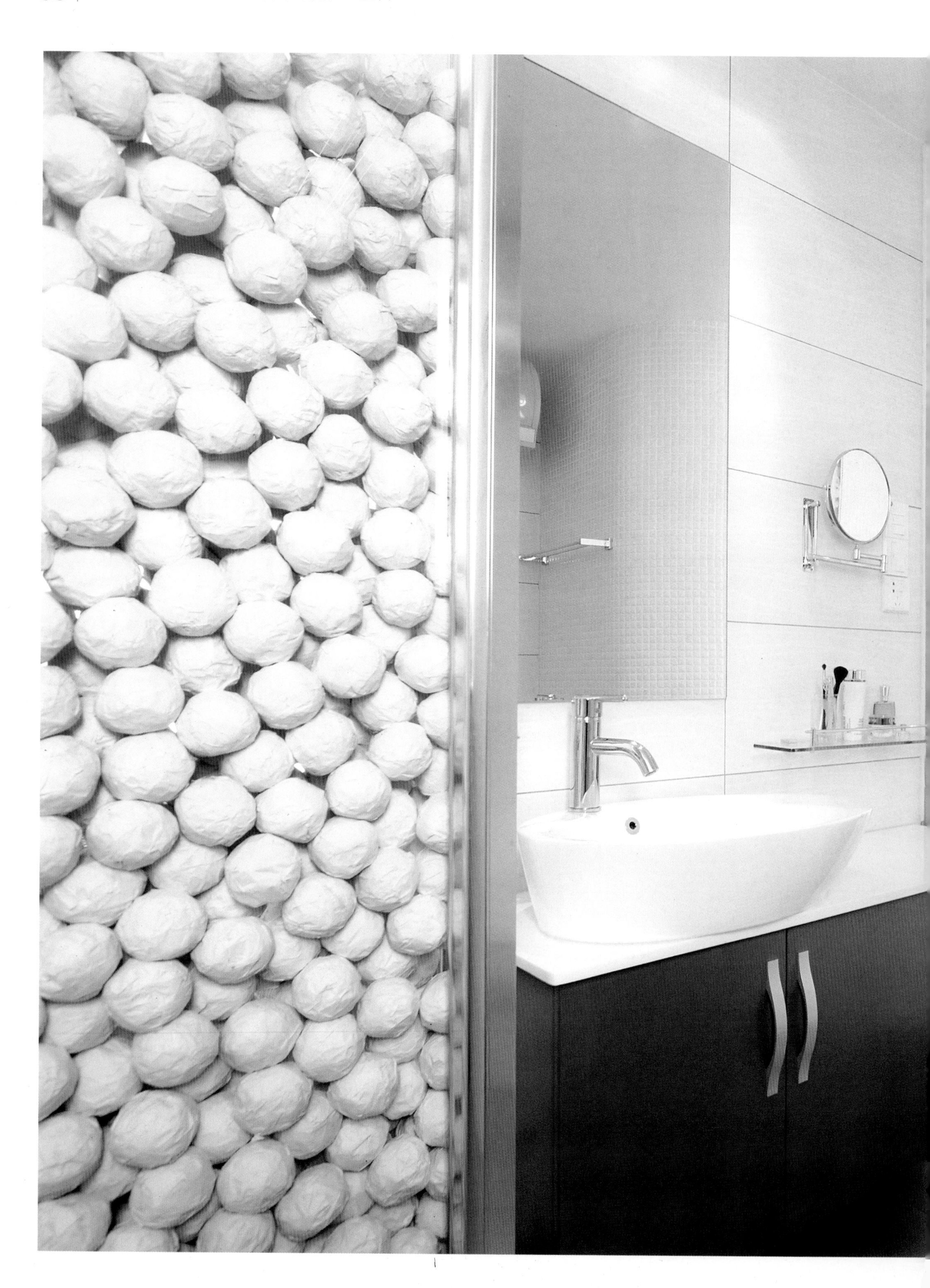

卫浴设计，干湿分区

干湿分区就是把卫生间的盥洗、如厕和淋浴功能分开，克服以往因交叉用水造成的使用缺陷，防止卫生间墙面、地面溢水。以往洗漱和淋浴水花四溅，洗浴完毕水汽很重，需要经常擦抹打扫以避免因潮湿而滋生细菌。卫生间的干湿分离使不同空间各为所用，互不影响，在很大程度上方便了人们的生活，提高了生活质量，是现代卫浴设计的基本方法。

乐活卫浴设计——乐活卫浴布局

乐活卫浴 整体设计

Overall Design

主卫、次卫设计不同

主卫的设计一般要以功能齐全为主，如面积允许可考虑浴缸、冲淋、坐便器、洗脸盆、清洗盘、梳妆台等，有条件的还可以干湿分区。而次卫只需考虑坐便器和洗手台的设计方式，如面积许可，可将洗衣功能也设计在客用卫生间内，以便于清洁。

特别感谢以下设计师(排名不分先后)

钟振少	图洛 1980
潘　亮	深业南方地产(集团)有限公司
敬源凌	独立设计师
导火牛	独立设计师
张　静	之境室内设计事务所
廖志强	之境室内设计事务所
连君曼	云想衣裳室内设计工作室
彭　政	香港彭政设计师有限公司(上海轩逸建筑设计有限公司)
李春林	南宁市意品居室内设计工作室
张有东	南京正午阳光装饰设计工作室
贾鹏威	天演设计机构
刘　文	福州国广装饰设计工程有限公司
陈　宜	陈宜设计师事务所
黄健炜	独立设计师
夏劲松	武汉梵石艺术设计有限公司
刘耀成	刘耀成 TOP 设计师会所
章　晶	杭州玩·意设计工作室
庄　悦	深圳市悦装设计机构
俞仲湖	东易日盛中策装饰
陈明晨	鼎汉唐设计机构
沈江华	鼎汉唐设计机构
宋志晨	独立设计师
张　瑾	武汉梵石艺术设计有限公司
焦　晹	上海坤木建筑工程设计有限公司
陈　怡	独立设计师
陈鑫杰	北京鑫思维设计工作室
张　婉	南京昱瑾装饰工程有限公司
曾　煌	北京东易日盛长沙 A6 中心设计馆
董　龙	DOLONG 董龙设计
巫小伟	巫小伟设计事务所
由伟壮	壮壮 A3 新锐设计
裘烽华	杭州暗香装饰设计工作室
颜　旭	DOLONG 董龙设计
于　园	DOLONG 董龙设计
非　空	非空设计工作室
宋春吉	巫小伟设计事务所
蒋　屹	北京元洲装饰玉泉营设计中心
艾　木	上海尚钰室内设计有限公司
陈晓丹	福州佐泽装饰工程有限公司
霍世亮	霍世亮设计工作室
吴晓明	香港金仕有限公司深圳分公司
喻镜霖	南京昱瑾精致装饰工程有限公司
毛进亮	任清泉设计有限公司
宋建文	上海设计年代
张津华	东易日盛装饰集团原创国际别墅设计中心
陈志斌	鸿扬集团陈志斌设计事务所
谢文川	水墨设计工作室
张晓莹	(香港)成都大木多维设计事务所
赵益平	湖南美迪建筑装饰公司大宅设计院

特别感谢以下品牌：

巴黎家居展
北京市东直门外大街 48 号东方银座公寓 A 座 20A
010-84476350

百强家具
北京市顺义区牛栏山镇牛汇南一街 5 号
010-69410101

康洁橱柜
北京市大兴经济区科苑路 23 号
010-60215588

依诺维绅
北京市怀柔区杨宋镇凤翔开发区凤翔三园 15 号
010-61678558

潜龙时代
北京市西城区裕民中路 6 号市农业局 2 楼 204 室
010-82029065